Hadjadj Kouider

Précis de sylviculture générale

Edilivre

Cet ouvrage a été composé par Edilivre

Immeuble Le Cargo, 157 boulevard Mac Donald – 75019 Paris
Tél. : 01 41 62 14 40 – Fax : 01 41 62 14 50
Mail : client@edilivre.com
www.edilivre.com

Imprimé en France
Texte intégral

Dépôt légal.

ISBN papier : 978-2-414-61732-6

Sommaire

Liste des tableaux

Introduction

La sylviculture est l'activité et l'ensemble des méthodes et pratiques par lesquelles le « sylviculteur » agit sur le développement, la gestion et la mise en valeur d'une forêt ou d'un boisement pour en obtenir un bénéfice économique et/ou certains services profitables à la société dans une approche de forêt dite multifonctionnelle.

Par principe, la sylviculture est un art de gestion durable, car il faut d'abord s'assurer que le capital forestier est acquis et peut être maintenu avant de pouvoir en retirer des bienfaits ou des produits comme le bois. Le concept actuel de « **gestion durable des forêts** » insiste non seulement sur la nécessité de ne pas surexploiter le milieu afin qu'il ne perde pas son potentiel, mais préserve également sa capacité de résilience écologique, face par exemple aux changements climatiques.

Le présent élément de sylviculture nommé ***Précis de sylviculture générale***, s'adresse aux étudiants de licence foresterie, il est structuré en six chapitres.

Le premier et le deuxième chapitre sont consacrés respectivement à l'étude qualitative et quantitative des peuplements forestiers.

Le troisième chapitre aborde les opérations d'amélioration, et le quatrième chapitre se rapporte sur les opérations de régénération et d'exploitation de la futaie régulière.

Le cinquième chapitre porte sur la pré-désignation et la sylviculture des arbres objectifs.

En fin, le sixième chapitre est dédié à la sylviculture de quelques essences de la forêt algérienne.

Chapitre 1 :
Les peuplements forestiers
« Etude qualitative »

1. Définition d'un peuplement

Forêt ou partie d'une forêt soumise à un traitement bien déterminé. Le peuplement peut être composé d'une ou de plusieurs essences, peut être équienne ou d'âge multiples.

2. Composition d'un peuplement

On distingue deux types :

2.1 Peuplement pur

Il est formé par des arbres appartenant tous à la même essence, il peut être le résultat de l'action humaine (reboisement). Il est aussi admis qu'un peuplement est pur si une seule espèce d'arbre couvre plus de 75 % de la surface.

2.1.1 Avantages et inconvénients des peuplements purs

a. Avantages

- Production standard
- Simplicité de traitement

b. Inconvénients

- Evolution régressive du sol (lessivage sous Eucalyptus et pin d'Alep)

- Peuplements sensible aux cataclysmes (incendie, chablis, insectes, champignons…)
- Peuplement clair avec un sous bois dense

2.2 Peuplement composé (mélangé)

C'est un peuplement formé par des arbres appartenant à deux ou plusieurs essences, on distingue l'essence principale qui donne le produit principale et l'essence subordonnée qui donne des produits secondaires.

2.2.1 Mode de réalisation de mélange

- Mélange pied par pied
- Mélange par bouquet
- Mélange par étages (étage dominat : essence de lumière et étage : dominé essences d'ombre)

2.2.2 Avantages et inconvénients des peuplements mélanges

a. Avantages

- Humus de meilleure qualité (mélange résineux et feuillus)
- Moins sensibles aux cataclysmes
- Le mélange est une dynamique naturelle qu'il convient d'accompagner
- Produits diversifiés

b. Inconvénients

- Complexité de gestion et de traitement induite par les tempéraments différents des essences
- Difficulté d'exploitation et de triage des produits

3. Structure des peuplements (Répartition des cimes en étages superposés)

Il s'agit d'un :

3.1 Peuplement simple :
un seul étage dans la partie supérieure

3.2 Peuplement composé :
Plusieurs étages de végétation à savoir

3.2.1 Etage dominant :
arbres les plus forts dont les cimes se trouvent en pleine lumière.

3.2.2 Etage domine :
arbres essayant d'accéder à la lumière ou battus par les dominants.

3.2.3 Sous-étage :
arbres ou arbustes définitivement éliminés dans la course à la lumière ils engainent les troncs des arbres et favorisent l'élagage.

3.2.4 Sou bois :
arbrisseaux couvrant le sol, plantes indicatrices sur les qualités physiques, chimiques, biologiques des sols.

4. Origine d'un peuplement « Notion de régime »

En sylviculture, on distingue habituellement trois régimes dont la caractéristique principale est le mode ou le système de régénération.

4.1 Futaie

Une forêt soumise au régime de la futaie est régénérée par semences (semis). Cette futaie peut être naturelle (germination des semences fournies par les arbres) ou artificielle (semis et plantation). Ce régime peut concerner des essences feuillues (chênes, hêtres) et résineuses (Pins).

4.2 Taillis

Une forêt soumise au régime du taillis est rajeunie par production de **rejets** ou **drageons.** Ce régime ne s'applique qu'aux des essences feuillues (Chêne liège, Chêne vert…). En effet, les résineux, à l'exception du Thuya de Berbérie et du Pin des Canaries, ne rejettent pas.

4.3 Taillis sous futaie

Le peuplement comprend :
- Au dessus : une futaie ou réserve, régénéré par semis.
- Au dessous : un taillis rajeuni par rejets ou drageons

5. Notion de couvert et de densité

5.1 Couvert d'un peuplement

Projection horizontale de l'ensemble des cimes des arbres composant le peuplement. La notion de couvert peut être exprimée en % de la surface totale (taux de recouvrement).

Le couvert est en fonction de :

- La hauteur par rapport au sol, on parle de couvert élevé (futaie) et couvert bas (taillis, perchis, fourrés…).
- Opacité (notion d'épaisseur) : couvert complet (dense ou clair), couvert incomplet (existence des vides ou clairières)

5.1.1 Rôle de couvert

a. Influence sur l'humus : les débris des végétaux se décomposent rapidement sous un couvert clair, que sous un couvert dense (la couche A0 est épaisse)

b. Influence sur le sous bois : un couvert clair permet le développement d'un sous bois abondant

c. Influence sur la forme des arbres (futs) : sous un couvert dense les branches basses n'ont pas assez de lumière pour survire (élagage naturel), ce qui contribue à la formation des futs allongés et cylindriques avec peu de nœuds

5.2.2 Facteurs agissant sur le couvert

a. Feuillage : variable selon les essences (dense pour le chêne zèen et le cèdre, clair pour le pin d'Alep et le chêne liège)

b. Densité du peuplement : (nombre de tige/ha) influe sur le couvert ; la radiation lumineuse arrivant au sol est inversement proportionnelle au nombre de tige par hectare

c. Age et état de santé de peuplement : les peuplements âgés et dépérissant ayant un couvert clair (perte des feuilles, branches sèches, rameaux plus courts)

5.2 Notion de degré de fermeture de couvert

On entend par le terme « fermeture de couvert » la façon dont les couronnes des arbres s'agencent les unes par rapport aux autres. Nous pouvons définir les degrés de fermeture suivants :

a. Comprimé : les houppiers se concurrencent latéralement, à tel point que leur développement régulier normal n'est plus garanti

b. normal : la plupart des houppiers ont un développement normal, avec une longueur comprise entre ¼ et ½ de la hauteur. Il n'ya pas d'interstices entre eux.

c. léger : il ya entre houppiers des petits interstices, mais encore une influence réciproque

d. lâche : entre les houppiers il n'y a plus de contact direct, mais il n'y a pas de place suffisante dans les interstices pour placer un autre arbre

e. aéré : il n'y a plus de fermeture à proprement parler, mais les houppiers ont une distribution régulière. Entre interstices il ya place pour d'autres arbres

f. clairière : il ya de véritables trouées dans le couvert, laissant place pour plusieurs arbres.

6. Mode de traitement

Le traitement est l'ensemble des opérations ou des soins culturaux que subit un peuplement en fonction des objectifs fixés et en vue de satisfaire des besoins. On distingue :

6.1 Futaie équienne :

les arbres ont sensiblement le même âge et même dimensions

6.2 Futaie inéquienne :

les arbres sont d'âge différent soit de façon régulière, (forêt jardinée), soit de façon arbitraire qui varie constamment (forêt non aménagée).

7. Evolution d'un peuplement dans le temps

7.1 Cas de la futaie régulière

On distingue plusieurs stades d'évolution en fonction des dimensions moyennes atteintes par les arbres (hauteur et diamètre) avec l'âge.

a. Stade semis : jeunes sujets d'origine naturelle ou d'ensemencement artificiel dont la hauteur est inférieure à 1 m. Il s'agit des tiges non ou peu ramifiées dont l'âge est de 1 à 5 ans, mélangées à d'autres espèces ligneuses

b. Stade fourrée : jeune peuplement de 5 à 10 ans composé de brins de faible hauteur (1 à 2 m) et de diamètre de 2 à 3 cm à 1, 30 m.

c. Stade gaulis : peuplement de jeunes tiges flexibles de hauteur comprise entre 2 à 6 m et de diamètre moyen de l'ordre de 6 cm à 1,30 m.

d. Stade perchis : jeune peuplement dont les tiges (ou perches) ont un diamètre moyen de l'ordre de 10 à 30 cm, on le subdivise en bas-perchis et haut-perchis

e. Stade futaie : peuplement de diamètre supérieur à 30 cm arrivant à l'âge d'exploitabilité

Tableau 1. Stade d'évolution d la futaie régulière en fonction du diamètre et de l'âge

Stades de développement	**Diamètre du tronc**	**Hauteur total de l'arbre**	**Age approximatif de l'arbre**
Semis	< 0,02 m	Inférieur à 1 m	1 à 5 ans
Fourré	0,02 à 0,03 m	1 à 2 m	5 à 10 ans
Gaulis	0,06 m	2 à 6 m	10 à 20 ans
Bas perchis	0,10 à 0,20 m	6 à 15 m	20 à 30 ans
Haut perchis	0,20 à 0,30 m	15 à 20 m	30 à 50 ans
Jeune futaie	0,30 à 0,45 m	20 à 25 m	50 à 100 ans
Futaie adulte	0,45 à 0,60 m	25 à 30 m	100 à 150 ans

7.2 Cas de la futaie jardinée

Ce traitement impose que le peuplement doit rester semblable à lui-même et ne varie pas dans le temps

7.3 Cas de taillis simple

Le taillis ne concerne que les peuplements feuillus, les résineux ne rejettent pas de souche sauf exception. Dans le cas de taillis en parle d'âge de taillis et non pas stade d'évolution, car Le peuplement est régulier à chaque stade de développement.

Le taillis est coupé à un âge appelé révolution « R ». Cette révolution est variable selon l'essence, la station et les produits recherchés.

Remarque :

On distingue le taillis **simple** et le taillis **fureté**.

- **Le taillis simple**

Le taillis simple consiste à pratiquer une coupe à blanc des brins lorsqu'ils atteignent des dimensions acceptables. Ainsi, la récolte des bois provoque une régénération totale du peuplement. Pour le taillis simple, tous les brins ont le même âge et quasiment les mêmes dimensions.

- **Le taillis fureté**

Le taillis fureté consiste à pratiquer une gestion irrégulière des coupes. Dans ce cas, l'on ne récolte que les brins commercialisables. Les brins trop petits sont laissés jusqu'à ce qu'ils atteignent les dimensions minimales requises. Les brins exploités produisent des rejets, sur une même cépée, on peut donc trouver des rejets et des brins de différents diamètres contrairement au taillis simple.

Chapitre 2 :
Les peuplements forestiers
« Etude quantitative »

1. Nombre de tiges

1.1. Courbes représentant la structure des peuplements

1.1.1. Peuplement équien (régulier)

L'aspect général de la courbe représentant le nombre des tiges par rapport à leur diamètre à 1,3 m, est une courbe gaussienne (courbe se forme de cloche).C'est-à-dire que les tiges ont sensiblement le même diamètre Ø.

1.1.2. Peuplement jardiné

C'est un peuplement composé d'arbres d'âges multiples, de toutes dimensions (semis, fourrés, gaulis, perchis, futaie). On a une décroissance du nombre de tiges quand on passe d'une classe de diamètre à la suivante. La courbe qui représente le nombre des tiges en fonction des diamètres à 1,3 m représente une loi mathématique de distribution exponentielle ou hyperbolique.

2. Evolution des peuplements réguliers

2.1. Nombre de tiges en fonction de l'âge

Le nombre de tige d'un peuplement ne reste pas constant tout au long de la vie d'un peuplement. Lorsque l'arbre s'accroit en diamètre, son houppier et système racinaire ont besoin d'un plus d'espace, donc le nombre de tige diminue avec l'âge sous l'influence de la concurrence, mais parfois à cause des aléas naturels (vents, neige, chablis délits…).

Suivant l'essence : une essence de demi-ombre supporte mieux la concurrence qu'une essence de lumière.

a. Evolution naturelle

Diminution de nombre de tige avec le temps en fonction de la fertilité des stations :

- Station pauvre : plus d'arbres avec houppiers moins développés
- Station fertile : moins d'arbres avec houppiers plus développés

b. Evolution guidée

Dans ce cas, on a un prélèvement instantané à chaque coupe (courbe présentant des sursauts)

2.2. Surface terrière

2.2.1 La surface terrière d'un arbre (notée **g**)

est la surface de la section transversale, supposée circulaire, de cet arbre à 1,3 m du sol. Elle peut se calculer aisément à partir du diamètre d ou de la circonférence c de l'arbre : $\mathbf{g} = \pi.\frac{d^2}{4} = \frac{c^2}{4\pi}$

On peut estimer la surface terrière au moyen de divers appareils tels que le relascope de Bitterlich (le plus précis), le prisme relascopique ou la jauge d'angle.

2.2.2 La surface terrière d'un peuplement (notée **G**)

La surface terrière d'un peuplement est la somme des surfaces terrières de tous les arbres constituant ce peuplement, soit :

$$\mathbf{G} = \frac{\pi}{4}\sqrt{\mathrm{d}^2}$$

La valeur moyenne de la surface terrière d'un peuplement est calculée à partir de la distribution de fréquences des nombres de bois par catégorie de grosseur. Elle définit ce que l'on appelle **l'arbre moyen** ou **la tige moyenne**.

La surface terrière moyenne est obtenue par sommation des surfaces terrières gi des N arbres à l'hectare le constituant, soit (L'unité de mesure de G est le m2/ha) :

$$\mathbf{G} = n1 \times \frac{\pi}{4} \times d^2{}_1 + n2 \times \frac{\pi}{4} \times d^2{}_2 + n3 \times \frac{\pi}{4} \times d^2{}_3 + \ldots\ nj \times \frac{\pi}{4} \times d^2{}_j$$

$$\mathbf{G} = \sum ni \times gi$$

Connaissant la surface terrière d'un peuplement (G), on peut en déduire la surface terrière moyenne et le diamètre qui lui correspond : $\bar{g} = \frac{G}{N}$ et donc $d\bar{g} = \sqrt{\frac{4\bar{g}}{\pi}}$

Exemple :

Si nous appliquons les relations ci-dessus aux données du tableau suivant : (Classes de diamètre de 5 en 5).

Tableau 2. Exemple d'inventaire des tiges d'un peuplement forestier

Classe de diamètre d_i (cm)	Nombre de tiges n_i	hauteurs hi (m)
20	1	19
25	1	22
30	2	25
35	3	26
40	5	26
45	13	27
50	14	29
55	17	31
60	26	33
65	15	32
70	7	34
75	3	35
80	2	35
85	1	35
90	0	0

On obtient :

G = 27,9 m^2/ha

$$\bar{g} = 0{,}2536 \text{ m}$$

$$d\bar{g} = 56{,}7 \text{ cm}$$

2.3. Hauteur d'un peuplement

La hauteur moyenne d'un peuplement est une caractéristique dendrométrique importante. Elle est l'une des composantes du volume et, dans certaines conditions, elle constitue un critère d'appréciation très utile de la productivité forestière.

2.3.1 Les divers types de hauteurs moyennes dans un peuplement

2.3.1.1 Hauteur moyenne arithmétique

Théoriquement, cette expression suppose la détermination des hauteurs individuelles des arbres du peuplement.

En pratique la hauteur moyenne est la hauteur de l'arbre de diamètre moyen. Elle dépond de l'âge, l'essence et la station. On détermine les hauteurs moyennes par catégories de grosseur au moyen d'un échantillon.

Exprimée sous forme mathématique, cette hauteur s'écrit :

$$\bar{h} = \frac{n1.h1 + n2.h2 + \dots nj.hj}{N} = \frac{\sum ni.hi}{N}$$

Exemple :

En appliquant la formule ci-avant aux données du tableau 1, on obtient :

$$\bar{h} = \frac{1.x19 + 1x22 + 2x25 + \dots 2x35 + 1x35}{110} = 30{,}6 \text{ m}$$

2.3.1.2 Hauteur dominante

La hauteur dominante est aussi une hauteur moyenne du peuplement mais elle s'adresse à une certaine catégorie de bois, à un étage ou à un nombre déterminé de sujets parmi les plus hauts ou les plus gros. Par convention, c'est la hauteur moyenne des cent (100) plus gros arbre à l'hectare.

2.4. Volume d'un peuplement

2.4.1 Accroissement d'un peuplement

C'est le volume de bois produit par ce peuplement durant un certain temps. Il est exprimé en m^3/an/ha.

2.4.2 Production

Les produits principaux sont donnés par les coupes de régénération, appelées aussi coupes principales.

Les produits intermédiaires sont issus des coupes d'amélioration.

Chapitre 3 :
Les opérations d'amélioration de la futaie

1. Introduction

Un peuplement régénéré naturellement ou artificiellement ne doit pas être abandonnée à lui même, dès sa jeunesse il subit une concurrence vitale souvent importante. Il est important que le forestier intervient par des opérations d'amélioration dans le but de :

- Contrôler la composition d'un peuplement (dosage des essences)
- Sélection entre les tiges (individus).
- Une mise en forme du peuplement répondant à sa destination économique.

2. Nomenclature des diverses opérations d'amélioration

2.1. Dégagements de semis (au stade de semis et fourré)

2.1.1 Définition

C'est unc opération destinée à maitriser la végétation susceptible de gêner les semis ou les plants.

Les dégagements de semis ont pour but d'éliminant les éléments nuisibles et sans valeur et d'assurer la survie et le développement normal du plus grand nombre possible de sujets bien conformés des meilleurs essences.

2.1.2 Méthodes de dégagement

On distingue :

- **Le dégagement partiel** : qui se limite à des plages de 10 à 20 m réparti en quadrillage (10 à 20 % de la surface totale)

- **Lé dégagement par cloisonnement** : qui consiste à ouvrir des lyons perpendiculaire de 2 à 3 m de largeur espacés de 6 à 12 m d'axe en axe par des engins de défrichage (broyeur, gyrobroyeur.). Ces lyons permettront de :

- Réduire la surface de la parcelle sur laquelle on devra faire les travaux sylvicoles
- Faciliter la circulation des ouvriers et par conséquent les interventions dans le peuplement
- Organiser le travail par la fixation des taches journalières
- Visiter les parcelles pour surveiller les travaux

2.1.3 Période de dégagement

La période de dégagement varie en fonction de l'essence, la composition des régénérations, la hauteur et la densité de la végétation. C'est une opération à exécuter hors végétation, en été et automne.

Il est nécessaire de commencer cette opération le plus rapide que possible dès l'apparition d'ensemencement (tâches de 50 cm de hauteur) et de la réputer aussi fréquemment que possible (chaque année au début pour certaines essences : chêne liège, pin maritime, pin d'Alep).

Les outils utilisés au cours des opérations sont : serpes, croissants, débroussailleuses à moteur…

2.2. Dépressage (au stade fourré)

2.2.1 Définition

C'est opération qui consiste à réduire la densité des jeunes peuplements. Elle permet d'éliminer les arbres malades, tarés et ou mal conformés au profit des plus belles tiges.

2.2.2 Types de dépressage

On distingue deux types de dépressage :

2.2.2.1 En plein :
réduit la densité sur la surface régénérée. On met les semis à distance régulière les uns des autres (20 à 40 cm). Cette distance sera de 1 à 2 m au cours des dépressages suivants.

Ce type de dépressage se fait à la serpe ou au croissant.

2.2.2.2 Dépressage par quadrillage :
effectuer un quadrillage du peuplement en faisant des passages parallèles et croisés à l'aide d'un débroussailleur. Des lyons de 1 à 2 m de large, espacées en moyenne de 5 m d'axe en axe par exemple.

2.3 Nettoiement

2.3.1 Définition

Au stade gaulis, on a un peuplement formé de jeune tige flexible, de faible hauteur (2 à 6 m) et de faible diamètre (5 à 20 cm) dans lequel l'élagage naturel commence mais dont les cimes sont enchevêtrées, le nettoiement a pour but :

- Poursuivre le dosage d'essence,
- Réaliser progressivement une sélection de masse en enlevant les sujets mal formés
- Espacer les tiges en vue de favoriser leur croissance en diamètre.

Les nettoiements sont en général exécutés à courte rotation (4 à 8 ans) selon les essences. Le matériel employé peut être mécanique (soit à moteur), ou manuel à l'aide d'une serpe, hache.

2.3.2 Réalisation du nettoiement

Les nettoiements sont réalisés à courte rotation de 4 à 8 ans selon les essences. Le matériel employé peut être mécanique (Soit à moteur), ou manuel à l'aide d'une serpe, hache.

2.4 Les éclaircies

2.4.1 Définitions et objectifs

Une éclaircie est une intervention consistant en l'élimination de tiges au profit d'un groupe d'arbres jugés intéressants pour leur assurer de bonnes conditions de croissance, et qui attentive à l'amélioration de la qualité des bois et de la stabilité du peuplement.

Elle poursuit les objectifs suivants :

- Opération sanitaire
- Dosage des essences et stabilité des peuplements
- Economique (produits)
- Ecologique (équilibre l'écosystème forestier)
- Social (paysage et capacité d'accueil)

2.4.2 Types d'éclaircie

2.4.2.1 L'éclaircie par le haut

Il s'agit là de travailler principalement dans l'étage dominant, au profit des arbres les mieux conformés (arbres d'élites). Ce type d'éclaircie diminue la concurrence dans l'espace aérien. Il s'agit donc de desserrer progressivement les individus la ou leur cimes manque d'espace.

2.4.2.2 L'éclaircie par le bas

Elimination des arbres retardataires, dominés, en mauvais état sanitaire. Ce type d'éclaircie a pour effet de diminuer un peu la concurrence pour l'eau et les sels minéraux du sol, d'améliorer l'état sanitaire du peuplement

2.4.2.3 L'éclaircie mixte

Ce type d'éclaircie permet d'éliminer, à tous les étages de végétation, les arbres qui gênent les arbres d'avenir

2.4.3 Intensité des éclaircies

Trois tendances assez distinctes :

2.4.3.1 L'éclaircie-dosage :
les premières éclaircies continuent la sélection globale d'une essence, pour doser la composition d'un peuplement

2.4.3.2. L'éclaircie-sélection :
les éclaircies suivantes entreprennent la véritable sélection individuelle des tiges elles mêmes, en supprimant les sujets sans valeur encombrants, mal conformés.

2.4.3.3. L'éclaircie-production :
puis, assez tôt, les éclaircies vont commencer à travailler au profit des arbres les plus beaux (arbres d'élite). Un arbre sera en levé, non parce qu'il est laid, mais pare qu'il gène un autre arbre jugé meilleur que lui

2.4.4 Age de départ des éclaircies

En principe du bas perchis à la futaie.

La première éclaircie fait suite au nettoiement. Les sujets sont au stade du bas perchis, diamètres entre 10 à 20 cm et hauteur de 6 à 10 m.

L'âge des éclaircies varie selon l'essence, la fertilité de la station (riche, pauvre) et les traitements antérieurs aux éclaircies. Généralement l'âge requis est 20 à 40 ans.

2.4.5 Périodicité ou Rotation des éclaircies

La périodicité appelée couramment rotation, est le temps qui sépare deux coupes d'éclaircies successives dans un peuplement.

La durée de la rotation est variable selon l'essence, l'âge et la station. Elle peut être fixée de différentes manières :

– Selon l'âge : on adopte le principe que **r** (rotation) = âge/10, cela revient à fixer la rotation à une durée comprise entre 5 à 15 ans

– Selon la rapidité de croissance du peuplement en suivant par exemple l'évolution de la hauteur dominante (Ho). On passe en coupe chaque fois que Ho augmente de 2 m ou gagner10 % de la hauteur

2.4.6 Résultats des éclaircies

2.4.6.1 Influence sur production

La production dépend de l'espèce, la fertilité de la station. Les éclaircies permettent d'améliorer la production forestière en matière de bois

2.4.6.2 Influence sur le diamètre moyen

Les éclaircie permettent de diminuer l'âge d'exploitabilité c'est-à-dire l'obtention d'un diamètre important dans un minimum de temps

2.4.6.3 Influence sur la hauteur

La hauteur moyenne augmente avec les travaux l'éclaircie

2.4.6.4 Influence sur l'état sanitaire

Les éclaircies sanitaires sont réalisées dont le but d'éliminer les arbres malades

2.4.6.5 Influence sur l'état sylvicole

Les éclaircies favorisent le développement des plus beaux sujets. Cette sélection permet l'amélioration du patrimoine héréditaire du peuplement

2.5 L'élagage

L'élagage s'avère nécessaire pour la production du bois sans nœud et l'amélioration de la forme (cylindrique) des fûts et de la qualité du bois.

On distingue :

2.5.1 L'élagage naturel

L'élagage naturel est souvent constaté dans des peuplements trop serrés, il s'adresse surtout à des branches de faibles dimensions, l'élagage abouti à la formation d'un fût. Il est l'action de plusieurs facteurs tels que :

- La réduction de la luminosité
- Le climat dans le peuplement
- Les agents divers de désintégrations des tissus.

L'élagage naturel se fait à travers la succession de trois phases distinctes à savoir :

- **Mort de la branche**

Cette phase dépend de l'opacité du couvert, les rameaux de la partie inférieure du houppier acquièrent peu de luminosité au dessus d'un certain seuil, un ralentissement puis arrêt des échanges physiologiques ce qui provoque la mort des rameaux.

- **Pourriture de la banche**

Après la mort de la branche on assiste à un :

- Séchage et rétrécissement des tissus mort
- Décollement entre tissus de protection et noyau du bois central
- Déchirement et ouverture des portes aux infections qui s'installent (insectes, champignons, bactéries).

Les substances constitutive du bois sont attaquées par ordre préférentielles (l'amidon, la cellulose, la lignine).

- **Chute de la branche**

Elle s'effectue sous l'effet de l'action physique, le poids produit un effet de coupe.

2.5.2 L'élagage artificiel

2.5.2.1 Objectifs

L'élagage est la suppression des branches vivantes ou mortes sur la future bille de pied. Il est nécessaire pour palier l'insuffisance de l'élagage naturel ou de remplacer l'une des phases du processus naturel.

Il a pour but :

- Réduire le houppier et augmenter la hauteur de fût en enlevant les branches basses
- Empêcher le développement des branches maitresses, sans valeur marchande
- Améliorer la qualité du bois (bois sans nœud)

2.5.2.2 Nomenclature

Elagage– pénétration : a pour but de faciliter la circulation dans un peuplement impénétrable

Elagage de lisière : opération localisée sur les arbres de lisière pour faciliter sa perméabilité et tirer parti d'arbres très vigoureux

Taille de formation : enlèvement des grosses branches ou défourchage pour favoriser la formation d'une tige droite et de qualité

Coursonnage : raccourcissement des branches pour limiter leur croissance

Emondage : enlèvement des gourmands

2.5.2.3 Période d'élagage

À quelle période de l'année doit-on pratiquer l'élagage ?

À quel âge cette opération doit-elle être entreprise ?

En Europe, des dispositifs expérimentaux ont montre que les traitements ont toujours été faits en période d'arrêt de la végétation, soit en automne, soit au fin du printemps, et aucun dégât d'origine pathologique n'a jamais été observé

Il est cependant préférable d'élaguer durant la forte poussée de croissance, soit dans les mois de mai et juin, puisque la cicatrisation sera à son plus rapide. Ainsi, une bonne partie du bois sera rapidement protégée

2.5.2.4 Age d'élagage

En ce qui concerne l'âge auquel on doit procéder aux opérations d'élagage, il n'y a pas de règle absolue puisque de nombreux facteurs, et en particulier la vigueur de croissance, sont à considérer on peut, selon les cas, donner la priorité à des considérations d'ordre physiologique ou technologique :

* **Physiologique :** on tiendra surtout compte du pourcentage de cime vivante enlevée, de façon à obtenir une amélioration souhaitée de la cylindricité, allant de pair avec la production de cernes moins larges dans la bille de pied.

* **Technologique** : l'âge auquel on doit pratiquer des opérations d'élagage est en fonction de l'essence et de la vigueur de croissance. On doit élaguer lorsque la partie de la tige à élaguer a un diamètre entre 10 à 15 cm.

Les branches à élaguer ne soient trop fort (5 cm de diamètre)

Remarque

Il faut éviter d'élaguer en temps humide ou venteux et lorsqu'il y a une forte présence de champignons primaires autour de l'arbre à traiter. Il faut aussi éviter d'élaguer durant le froid intense.

2.5.2.5 Nombre d'arbre à élaguer par hectare

Il est nécessaire de limiter le nombre de tiges à élaguer sur un nombre réduit de tiges. On élaguera entre 200 à 300 tiges à l'hectare

2.5.2.6 Hauteur d'élagage

Une hauteur totale de 6 à 7 m parait correspondre à la rentabilité la plus élevée. Cette hauteur ne saurait cependant être atteinte en une seule opération. On est ainsi amené à procéder à plusieurs élagages successifs, chacun intervenant sur 3 à 4 m.

Tableau 3. Modalité d'élagage

Hauteur de l'arbre		**Hauteur à élaguer**	**Taux d'élagage**
1^{ier} Elagage	10 m	4 m	40 %
2ème Elagage	14 m	7 m (4+3)	50 %

2.5.2.7 Espèces à élaguer

- Croissance rapide
- Bois de qualité apprécie à forte plus value

Chapitre 4 :
Les opérations de régénération et d'exploitation de la futaie régulière

Le qualificatif **"régulier"** désigne que tous les arbres du peuplement ont plus ou moins le même âge. Pour ce régime, des coupes vont être nécessaires pour diminuer la densité et donc la concurrence entre les arbres. Cela favorisera un meilleur développement des individus restants.

1. Avantages et inconvénients de la futaie régulière

a) Avantages

- Les opérations culturales sont faciles en raison de l'uniformité des peuplements
- Gestion simple
- Production élevé en bois d'œuvre
- Bois de grande qualité technologique

b) Inconvénients

- Résilience faible contre les cataclysmes et dangers
- Production standard
- Accroissement en diamètre peu favorable

2. Les méthodes de régénération et d'exploitation

Elles interviennent lorsque le peuplement est arrivé à maturité c'est-à-dire au moment ou la majorité des arbres des essences principales a atteint le diamètre d'exploitation fixé. Ces coupes poursuivent double objectifs :

- Récolte d'arbre de grande valeur (objectif économique)
- Régénération du peuplement

On distingue plusieurs modalités des coupes de régénération et d'exploitation : les coupes rases, les coupes progressives, mieux adaptées aux exigences des différentes essences et la coupe d'abri.

2.1 Les coupes rases

La totalité des arbres est coupée en une seule fois sur la totalité ou sur une partie de la surface du peuplement.

Ces coupes portent des avantages et des inconvénients :

Parmi les avantages on cite :

- Opération facile avec moins de personnels grâce à la mécanisation des interventions.
- Les clairières artificielles produites par la coupe rase offrant un habitat de substitution à certaines espèces des milieux ouverts

Les inconvénients s'articulent autours :

- Un coût d'investissement important
- Une perturbation anormale et brutale de l'écosystème forestier
- Compaction, appauvrissement et parfois érosion des sols, ce qui est défavorable à une bonne régénération naturelle

2.1.1 Conditions d'application

Dans le cas des coupes rases les semences qui assurent la formation du nouveau peuplement proviennent soit des peuplements voisins, soit du peuplement même avant abatage

a) Semences fournies par le peuplement voisin

Il s'agit des essences fournissant des graines ligères et abandantes, suceptibles d'être tarnsportées par le vent depuis le peuplement voisin sur le partere de la coupe rase

b) Semences fournies par le peuplement mûr avant abatage

La technique peut être appliquée aux essences produisant les graines assez lourdes et à dissémination difficile, il faut que :

- La fructification soit annuelle et abandante
- Les semis supportent la lumière même très jeune

2.1.2 Nature des coupes

2.1.2.1 La coupe unique ou à blanc étoc

En plain sans aucunes réserves si le terrain est plat et les essences supportent la plaine lumière dans le jeune âge. Elle est réalisée en général dans le but de production

2.1.2.2 La coupe rase par bandes successives

Se réalise si le terrain est en pente légère qui demande une certaine couverture. L'exploitation se fait par bandes successives, la progression des coupes se fait à l'encontre des vents dominants. Les coupes rases se succèdent de proche en proche sur des bandes étroites de largeur 1 à 4 fois égale à la hauteur moyenne du peuplement.

2.1.2.3. Coupe rase par bandes alternées

Sur terrain à pente légère, la coupe est assise, perpendiculairement aux vents dominants afin d'assurer une dissémination des graines.

La réalisation se fait par coupe rase simultanées sur des bandes étroites, séparées par des bandes laissées intactes de largeur égale 1 à 4 fois la hauteur du peuplement mûr.

La régénération s'installe dans les bandes rases, mais aussi à la faveur du fort éclairement latéral sous les bandes intactes.

2.1.2.4. Coupe rase par trouée

En montagne dans un but de protection. L'exploitation est faite en coupe rase non plus par bandes étroites, mais des trouées circulaire de diamètre égale 1 à 4 fois la hauteur du peuplement mûr.

On agrandit progressivement les trouées en exploitant le peuplement jusqu'à ce que les circonférences se rejoignent.

2.1.2.5 Coupe rase avec réserve porte graines

Lorsque on juge plus sûr de conserver quelques semenciers sur la coupe (espèces à graines légères), on choisit quelques dizaines de sujets vigoureux, à houppiers bien développés, repartis convenablement sur le terrain de manière à pouvoir compléter les endroits vides des semis, ils ne doivent pas être trop nombreux pour éviter la concurrence vis-à-vis des jeunes plantes.

2.1.3 Les travaux annexes

Malgré la bonne conduite des coupes il est nécessaire d'accompagner la régénération par des travaux qui consistent à :

a) Travaux du sol :

- Destruction du sous bois et de la couverture herbacée avant que le terrain soit ensemencé
- Ameubli la surface du sol (charrue à disque, cultivateur)
- Brassage des horizons superficiels du sol (cover-crop)
- Ameublissement du sol en profondeur (charrue à disque)

b) Travaux au profit de la régénération

- Dégagement des semis par l'enlèvement des végétaux adventices
- Interdiction du pacage
- Mise en défens
- Apport des graines prises sur des peuplements de bonne qualité

2.1.4 Comparaison entre les divers procédés de coupes rases

Tableau 4. Avantages et inconvénients de chaque coupe

Exploitation par coupe unique	**Exploitation par bandes successives et bandes alternés**
- Elle permet de récolter un volume important du bois et aussi d'organiser un chantier d'exploitation important.	- Elles nécessitent d'organiser un petit chantier répartis sur plusieurs années.
- Après cette coupe les semis n'ont plus de protection.	- Ces coupes permettent une protection de semis jusqu'à ce que le peuplement soit entièrement récolté.
- Cette coupe favorise l'érosion hydrique et éolienne en plaine comme en montagne.	- Cette forme d'exploitation réduit le problème d'érosion.
- Le déficit d'eau est très important à cause de l'évaporation et la transpiration et l'insolation.	- Le problème de déficit d'eau est réduit par ces coupes.
- Cette coupe permet d'obtenir un peuplement régulier (Equien).	- Après l'exploitation, on obtient une série de peuplement régulier mais d'âges gradués.

2.2 Les coupes progressives

Sont réalisées quant on veut régénérer naturellement les essences présentent dans l'étage dominant. Ces essences doivent avoir une protection dans le jeune âge pour pouvoir se régénérer.

Ce procédé vise à favoriser l'installation d'une nouvelle cohorte de régénération naturelle d'essences désirées sous un couvert protecteur d'arbres semenciers avant la coupe finale.

2.2.1 Coupe d'ensemencement

Elle a pour but la production de semence et le développement des semis sous le peuplement mûr.

La coupe porte des actions sur différents étages :

* **Action sur l'étage dominant :**

Laisser sur pied le nombre de semenciers nécessaire et suffisant pour produire des semences couvrant la totalité du terrain à travers :

- L'élimination des essences inutiles, tout en conservant un certain mélange si celui-ci est nécessaire
- L'élimination parmi les arbres de l'essence précieuse des sujets trop vieux, dépérissants et mal conformés et portant de nombreuses fourches
- Maintenir sur pied les meilleurs semenciers

* **Action sur le sous l'étage et le sous bois :**

Le couvert bas constitue un handicap pour le développement des semis, il indispensable de le supprimer.

* **Action sur la couverture du sol :**

La destruction de la végétation herbacée qui inhibe l'établissement des semis s'avère essentiel. Cette action s'effectue par :

- Crochetage manuel par pioche ou à la houe si le sol n'esp pas trop dur
- Crochetage mécanique par cover-crop dans le cas contraire

2.2.2 Coupe secondaire

Quelques années après la coupe d'ensemencement, intervient la coupe secondaire, Elle se réalise une ou plusieurs fois au fur et à mesure du développement des semis.

La première coupe secondaire peut intervenir de 2 à 6 ans après la coupe d'ensemencement, elle a lieu dès que les semis sont lignifiés et peuvent supporter l'éclairement.

La coupe secondaire porte sur :

- La récolte les arbres semenciers montrant des signes de dépérissement, endommagés ou morts lors de la coupe d'ensemencement
- La poursuite de l'installation de la régénération
- Le maintien sur pied d'un nombre suffisant de tiges pour assurer la protection des semis.
- Le maintien sur pied des semenciers, là où le terrain est vide de semis.

2.2.3 Coupe définitive

Lorsque le sol est convenablement couvert des semis pouvant supportés sans crainte le plein découvert, on récolte les derniers semenciers mûr non exploitées.

Des précautions sont à prendre en considération :

- Planter les zones non régénérées
- Effectuer un dégagement intense des semis

2.3 La coupe d'abri

Réalisée quant on veut avoir une régénération artificielle d'essences ne supportant pas la lumière sous le couvert de la futaie qui les abritent.

Son principe repose sur l'introduction de plants d'essences d'ombre sous un abri ligneux. Cette technique mise au point par Lachaussée pour le Sapin dans le Jura dans les années 1930 à donner de remarquables résultats dans la transformation du taillis sous futaie pauvre.

Chapitre 5 :
La pré-désignation

1. Définition et concept

C'est le choix, au sein d'un peuplement, d'un nombre déterminé de tiges, régulièrement espacées et présentant des caractéristiques satisfaisantes de forme et de qualité, de marquer ces tiges de façon durable (par exemple ceinture de peinture à 1,5 m du sol) et, si possible, de les mesurer afin d'établir leur diagramme de répartition par catégories de diamètre pour déterminer éventuellement et ultérieurement, leur accroissement.

2. Choix du peuplement

L'opération de pré-désignation ne doit pas être réalisée que dans des peuplements capables de donner des bois de choix. Il est inutile de l'exécuter dans des peuplements qui risquent d'être victimes d'agressions météoriques (chablis) ou d'être l'objet d'attaques pathologiques.

3. Détermination de la densité des arbres de place

Les arbres de place doivent être à une équidistance qui permet leur développement optimal en volume et en qualité. Cette équidistance est en fonction de la station, de l'essence et de l'âge d'exploitation adopté.

Ce nombre n'est pas désigné arbitrairement par l'aménagiste ou par le gestionnaire. Il doit être déterminé en visitant des peuplements plus âgés que celui à traiter (dans la même forêt ou dans des forêts analogues) et en examinant la forme et l'ampleur des cimes d'arbres situés à diverses équidistances.

4. Sylviculture d'arbres-objectif

4.1 Principe

Il s'agit de sélectionner précocement un nombre limité d'arbres parmi les meilleurs sujets d'un peuplement et de mener une sylviculture à leur profit jusqu'à leur terme d'exploitabilité.

Les axes de la sylviculture d'arbres-objectif reposent sur les principes de base suivants :

- ✓ L'objectif de production définit une architecture d'arbre "idéale" ; en privilégiant une bille de pied plutôt courte, de 5 à 10 mètres, et un houppier pleinement développé
- ✓ Les opérations d'éclaircies assurent à l'arbre objectif sélectionné les conditions d'un développement rapide du houppier pour obtenir une croissance optimale du fût.

4.2 Origine

Le concept de la sylviculture d'arbres-objectifs est développé durant la première moitié du 20ème siècle par plusieurs chercheurs, en Allemagne, en France, et au Danemark. Les bases d'une sylviculture novatrice ont été définies à cette époque. Ces bases se sont enrichies progressivement des réflexions et de l'expérience de divers gestionnaires

Avec le développement des élagages des résineux d'abord, puis des feuillus, cette sylviculture d'arbres a trouvé un terrain de prédilection et a pris un certain développement dans la dynamisation de la sylviculture.

4.3 Choix des arbres objectifs

Arbre de belle qualité **phénotypique**, **vigoureux** et **dominant** sur lequel est concentré la production de qualité et devant être maintenu jusqu'au terme d'exploitabilité.

Autres appellations : arbre d'avenir, arbre de place.

L'arbre d'élite est un arbre de qualité et de vigueur exceptionnelle, forcément en nombre très limité dans un peuplement. Compte tenu de leur très grande valeur ces arbres d'élites constituent le potentiel de base de la population des arbres-objectifs.

Le concept d'arbre-objectif n'est pas lié nécessairement à la futaie régulière. L'évolution des pratiques sylvicoles avec le balivage ou la sélection de perches intéressantes dans les peuplements irréguliers, amènent à une vision plus large de la notion.

Tableau 5. Critères de choix des arbres objectif

Priorité	Critères de désignation	
1	arbres sains	• absence de maladie • absence de blessure ouverte
2	vigueur des arbres	• arbre dominant ou co-dominant • houppier circulaire bien développé en hauteur • fort diamètre
2	qualité apparente	• absence de défaut du tronc (fibre torse, gélivure…) • branches fines à insertion horizontale • houppier symétrique et long • absence de fourche en dessous de 6-8 m
3	pour les feuillus : obtention d'un peuplement mélangé	• la désignation ne doit pas concerner que l'essence principale. Un recrutement, en vue du peuplement final, de quelques essences précieuses et compagnes est à rechercher
4	régularité spatiale	• distribution aussi régulière que possible (10 à 12 m parfois 20 m) • ne pas sélectionner les arbres de bordure (risque de blessures et de déséquilibre du houppier)

4.4 Age de pré-désignation

L'idéal es de pratiquer l'opération dans des peuplements jeunes, mais où la forme forestière des tiges s'est déjà dessinée (où, en particulier, l'élagage naturel est déjà bien amorcé, tout au moins dans sa première phase, qui est la mort des branches basses).

Ceci dépend de la station, de l'essence, de la densité du peuplement initial, etc... L'âge des peuplements susceptibles d'être choisis varie en gros de 20 ans à 40 ans.

Trop jeunes, les tiges du peuplement n'ont pas encore acquis leur forme forestière, et il est difficile de choisir les arbres de place parmi « la foule des candidats ».

Trop âgées, les tiges ont déjà pris une « option sur l'avenir » : les fourchus, les branchus, les ambitieux, ont définitivement pris le dessus sur leurs voisins. Ce n'est plus une pré, mais une post-désignation.

4.5 Conduite des peuplements après pré-désignation

Après pré-désignation, il est primordial de penser à cultiver les arbres de places désignés.

Le détourage est une éclaircie localisée autour d'un arbre d'avenir. Il permet de doser avec précision le niveau de concurrence que subit ce dernier. Le plus souvent, cette éclaircie est forte et par le haut, destinée à le libérer totalement de la concurrence directe des houppiers de ses voisins mais, à l'inverse, elle peut aussi être très prudente dans le cas de la sylviculture « de rattrapage » des peuplements en retard d'éclaircie.

4.5.1 Rayon de détourage

Les rayons de détourage y sont calculés en multipliant la circonférence des arbres au moment du détourage par un facteur fixe correspondant à une intensité (4 : faible ; 6 : moyen ; 8 : fort ; 10 : très fort).

Par exemple, si on lui applique l'intensité 8, un arbre de 50 cm de circonférence au moment du détourage verra tous les concurrents de sa cime disparaître dans un rayon de 4 mètres (8 x 50 cm) autour de lui.

4.5.2 Avantages de la méthode

- ✓ L'intervention est concentrée uniquement sur les arbres de place (tiges de valeur).
- ✓ Les tiges dégagées peuvent profiter pleinement de l'espace pour déployer leur couronne
- ✓ L'élimination des concurrents permet d'éviter la mortalité des branches basses de la couronne, or leur disparition est souvent synonyme d'entrée de pathogènes, sources de dépréciation de la qualité du bois.

4.5.3 Outillage

- ✓ Tronçonneuse et carburant ;
- ✓ Equipement personnel de sécurité

Chapitre 6 :
Quelques notes sur la sylviculture en Algérie

6.1 Le pin d'Alep (*Pinus halepensis* Mill)

6.1.1 Aire de répartition

Le pin d'Alep (*Pinus halepensis* Mill.) est l'un des arbres les plus communs dans la partie ouest du bassin méditerranéen, où il occupe environ 3,5 millions d'hectare. Il est bien représenté dans les massifs montagneux des pays du Maghreb, il couvre 65 000 hectares au Maroc et 370 000 hectares en Tunisie.

Le pin d'Alep est l'essence la plus répandue en Algérie. Il couvre prés de 800 000 hectares, soit 37 % de la surface totale boisée.

Bien qu'on le rencontre partout, il constitue cependant quelques gros massifs bien individualisés et localisés principalement dans les régions suivantes :

- La région Est : les forets des Monts de Tébessa et des Aurès,
- La région du Centre : les forets de l'Ouarsenis,
- La région Ouest : les forets des Monts de Saida, de Mascara, de Sidi Bel Abbés et de Telagh,
- L'atlas saharien : les forets des Monts de Ouled Nail, prés de Djelfa et du djebel Amour prés d'Aflou.

6.1.2 Ecologie du pin d'Alep

Le pin d'Alep est l'une des essences méditerranéennes qui possède l'amplitude écologique la plus vaste. L'espèce prospère dans une tranche pluviométrique allant de 200 mm jusqu'à 1500 mm par an. On rencontre de très belles futaies de pin d'Alep en zone semi-aride entre

300 à 400 jusqu'à 700 mm de précipitations annuelles. Sur le plan thermique, l'aire naturelle du pin d'Alep admet une variante humide et semi-aride, froide à chaude avec des valeurs moyennes de températures minimales du mois le plus froid de – 3° à + 10°C. Il peut supporter cependant des froids exceptionnels de courtes durées de – 15 à – 18 °C.

Du point de vue édaphique, le pin d'Alep est une espèce indifférente à la nature du sol. On peut le rencontrer surtout et en abondance sur des substrats marneux et marno-calcaires avec des sols profonds. Il peut aussi évoluer à un degré moindre sur des sols calcaires compacts, présentant des fissures mais ne tolère ni les sols sablonneux dont la perméabilité ne permet pas de retenir de l'eau, ni les bas fonds limoneux.

6.1.3 Caractères botaniques

Le pin d'Alep est un arbre de seconde grandeur, ayant rarement plus de 20 mètres dans les stations les plus favorables, avec une circonférence maximale de 3,50 m. Il ne dépasse pas 12 mètres de hauteurs sur 1,20 m de tour sur les sols médiocres. Jusqu'à 20 ans sa cime et conique, puis commence à s'étaler.

Le tronc est rarement rectiligne et très souvent plus ou moins tordu. Le fût utilisable comme bois d'œuvre ne dépasse plus 6 à 8 m. En futaie pleine, aérée, on trouve des arbres droits pouvant donner 10 m de fût utilisable.

L'écorce des jeunes sujets est lisse et gris argenté, celle des arbres adultes est épaisse, profondément crevassée, de couleur noirâtre ou rougeâtre.

Le pin d'Alep fructifie vers 10 à 12 ans, mais les graines ne sont aptes à germer qu'à partir de 18 à 20 ans. Ses aiguilles mesurent de 6 à 10 cm de longueur et sont groupées par deux en pinceaux à l'extrémité des rameaux.

6.1.4 Régénération

La régénération du pin d'Alep est facile et abondante et se produit aussi bien en plein couvert qu'avec un sous bois assez dense.

Cette essence colonisatrice et expansionniste à fertilité précoce produit une quantité importante des graines résistantes à germination facile et peu exigeantes au niveau de leurs plantules.

La régénération du pin d'Alep peut être favorisée par l'incendie. Les cônes qui résistent au feu ne peuvent supporter longtemps le choc thermique. La chaleur dégagée par les flammes favorise l'ouverture des cônes et les graines commencent à tomber quelques heures après le feu.

La dissémination des graines favorisée par le vent et les animaux permet ainsi d'ensemencer le sol. La germination des graines commencera après les premières pluies, vers la fin de l'été et s'étalera sur toute l'année. Cette régénération naturelle issue après incendie produit les premières années un gaulis très dense.

6.1.5 Sylviculture de pin d'Alep

6.1.5.1 Types de peuplements

a) Veille futaie pleine (régulière)

Ce sont des peuplements moins fréquents, non touchés par les incendies. On les trouve en Algérie (Djelfa, Sidi Moussa) et en Tunisie centrale.

Généralement le nombre des arbres est très variable, en moyenne 150 arbres à l'hectare de 1,10 m de circonférence et 12 m de hauteur. Dans ce type de futaie, les arbres renferment des fûts droits et réguliers.

b) Futaie jardinée

Type le plus répondu en Afrique du Nord et même dans tous les pays méditerranéens. Ils résultent des incendies et des caprices de la régénération.

Ces peuplements sont très irréguliers (Age, diamètres, hauteurs). Le nombre des sujets est également très variable à l'hectare, il est de

120 à 150 sujets de 8 à 10 m de hauteur et de 0,50 à 0,90 m de circonférence. La densité de sujets de moins de 10 cm de diamètre est de 1000 à 2000 sujets à l'hectare.

c) Jeune futaie post incendie

Type également très commun, surtout en Oranie en raison des incendies qui frappent des milliers hectares des forêts de pin d'Alep. Cependant après le passage du feu, l'espèce a des atouts pour reconquérir les sols incendiés grâce à l'abondance des graines émises des cônes ouverts par la chaleur. Durant les dix première années, la densité est de l'ordre de dizaines de milliers de sujets à l'hectare.

Tableau 6. Données sur la régénération naturelle post-incendie du pin d'Alep

Localité	Age (ans)	Densité à l'hectare
Meurdja (Algérie)	4	42000
Montpellier (France)	8	15000
Andalousie (Espagne)	9	22000

d) Futaie mélangée

Le pin d'Alep est ordinairement associé au chêne vert, il pénètre les cédraies à la limite inférieure de leur aire (Aurès, Teniet El Haad). Il concurrence le chêne liège aux basses altitudes dans les stations sèches et se mélange avec le Thuya de Berberie, Genévrier de Phénicie et chêne Kermès.

Les seuls peuplements mélangés ayant de l'intérêt sont ceux de pin d'Alep et de chêne vert, les autres sont moins fréquent, sauf celui du pin-chêne Mermès en Oranie.

Sachant que dans le mélange pin-chêne vert le pin d'Alep est souvent touché par les incendies mais comme on l'a vu, il en fait ensuite la reconquête.

6.1.5.2 Opérations sylvicoles

a) Futaies pleines ou régulières

En réalité, il est rationnel de réserver la futaie pleine aux peuplements équiennes résultant d'incendie, si la végétation est assez vigoureuse, et à ceux de croissance rapide (Tell algérien) et à régénération facile.

La durée de la révolution sera égale au nombre d'années nécessaires pour arriver à la dimension d'exploitation des bois, soit 0,40 m de diamètre et variera entre 50 et 100 ans, en moyenne 75 ans.

Les opérations de régénération nécessiteront une période de 15 ans avec possibilité par contenance. Elles seront faites en une ou deux fois selon l'état de la régénération. Chaque année, on exploitera donc une coupe, non point a blanc étoc, mais en laissant 20 à 25 semenciers sur pied parmi les sujets les plus vigoureux à écorce épaisse.

Apres les coupes de régénération il se forme un fourré très dense qu'il faudra desserrer ; mais, en pratique, on devra attendre pour cela que les tiges aient les dimensions suffisantes pour produire des perche et des poteaux de mine, se qui exige 20 a 30 ans

On continuera ses éclaircies tous les 10 à 15 ans de façon à obtenir un peuplement de 150 à 200 sujets de 1,20 m de tour lors de la coupe de régénération ; il y aura généralement trois.

Si on constate dans la plupart des forêts de pin d'Alep des accroissements faibles, cela tient en grande partie à l'état serré dans lequel elles ont été maintenues après incendie.

b) Futaie jardinée

C'est le type classique de la futaie de pin d'Alep. L'ensemble du peuplement est clair avec un matériel très hétérogène, beaucoup de jeunes sujets de 1 à 30 ans et un sous-bois très abondant. Les opérations culturales sont simples : chacun des 15 coupons entre lesquels est répartie la série sera traité en coupe principale jardinatoire enlevant tous les arbres ayant 40 cm de diamètre (soit en moyenne 75 ans). Théoriquement, on passera donc tous les 15 ans dans le même coupon, en prenant chaque fois le cinquième du matériel.

Les coupes d'éclaircies portant sur des sujets de dimension commerciale (30 cm de tour), dégageront les semis et desserreront le peuplement pour activer la croissance. Elles auront lieu trous les 15 ans d ans chaque coupons et coïncideront avec les coupes de régénération.

Il convient de recéper le sous bois de chêne vert et chêne kermès et des autres essences secondaires tous les 15 à 30 ans pour faciliter la régénération et accélérer la croissance.

c) Jeune futaie issue d'incendie

Peuplement âgé généralement de 25 a 30 ans, doivent forcément, si aucun incendie ne survient, aboutir à la futaie pleine.

Ce peuplement doit être laissé en repos environ 40 a 50 ans afin d'atteindre l'âge d'exploitabilité (75 ans).

Les seules opérations a envisager sont des éclaircies dés que les pins auront 0,30 m de circonférence, devant tendre a ramener des fourrés de plusieurs milliers de brins au chiffre de 200 arbres pour la futaie pleine, ou 400 à 500 de plus de 0,20 de circonférence et d'âges gradues pour la futaie jardinée, si ce type est adopté.

Afin d'arriver plus vite au type jardiné, les éclaircies se feront tous les 10 ans et les coupes principales de régénération, au lieu d'être exécutées en une fois, seront reparties dans chaque coupon sur 15 ans, afin d'avoir des différences d'âge.

6.2 Le thuya de Berbérie (*Tetraclinis articulata* (Vahl) Master)

6.2.1 Aire de répartition

Le thuya de Berbérie est une espèce endémique de l'Afrique du Nord et en particulier des pays du Maghreb (Maroc, Algérie et Tunisie). Il se rencontre aussi dans quelques secteurs très ponctuels, au Sud-est de l'Espagne (région d'Almeria) et sur l'île de Malte. En Espagne, il a été classé dans la catégorie « en danger » sur la liste rouge de l'UICN.

En Algérie, il représente actuellement moins de 140 000 ha, alors qu'il couvrait plus de 160 000 ha au milieu du siècle dernier.

Au Maroc, l'espèce occupe environ 607 900 ha. Son aire de répartition est subdivisée en six grandes zones : zone Rifaine, zone du Maroc oriental, zone du moyen Atlas oriental, zone des vallées du plateau central, zone du moyen Atlas occidental et Haut-Atlas (piémonts Nord Atlasique, revers Sud du Haut -Atlas, région d'Essaouira, Haut-Atlas occidental) et zone de l'anti Atlas.

En Tunisie, le thuya ne couvre que 30 000 ha, depuis les collines du Nord-Est jusqu'à une ligne allant de Bizerte au Mont de Zaghouane et à Hammamat.

6.2.2 Ecologie du thuya

Le thuya de Berbérie, espèce résineuse, de la famille des Cupressacées, constitue un élément important dans la végétation forestière nord-africaine puisqu'il couvre plus d'un million d'hectare. Elle est considérée comme une essence précieuse, elle fournit du bois d'œuvre, du bois de service, du bois énergie, de la gomme sandaraque, du goudron et des fleurs à nectar précieux.

Le thuya est une essence de lumière thermophile et xérophile caractérisée par ses faibles exigences en eau, de 300 à 500 mm par an. Son optimum écologique est lié à l'étage bioclimatique semi-aride à variante tempérée douce, chaude et très chaude ; il se développe aussi en étage sub-humide à variante chaude, douce et tempérée sur sol filtrant (calcaire) ; il craint les froids humides et préfère les expositions chaudes.

De même que pour le pin d'Alep, sa rusticité, son indifférence vis-à-vis du sol, cependant il a une préférence pour les sols calcaires, qui sont plus aérés et plus chauds. Il se défend même mieux que le chêne vert sur les terrains qu'il occupe et, grâce à sa faculté de rejeter de souche jusqu'à un âge avancé, réagit vigoureusement au feu et aux mutilations de toutes sortes.

Le thuya ne se trouve pas aux hautes altitudes, mais plutôt sur les plateaux de basses et moyennes altitudes. Sa limite supérieure est de 1.800 mètres (Grand Atlas), sa limite inférieure est variable, il s'observe localement jusqu'au bord de la mer, mais dans le grand Atlas, il n'apparaît qu'à 800 ou 1.000 mètres d'altitude.

6.2.3 Caractères botaniques

Le thuya est un résineux à feuillage léger et persistant. Dans sa jeunesse, son port est pyramidal ; les feuilles sont réduites en écailles opposées et imbriquées par deux, les fleurs en chaton, situées à l'extrémité des rameaux. Le fruit est un cône d'allure cubique s'ouvrant par quatre valves sous l'effet de la chaleur, libérant ainsi six graines ailées.

Tetraclinis articulata est une essence monoïque, qui dépasse rarement 6 à 8 m de hauteur et atteint 30 cm en diamètre en moyenne. Quelques vieux sujets, jusqu'à 20 m de haut pour 1 m de diamètre ont été observés, mais cela reste très rare.

L'arbre fleurit en automne (octobre) et fructifie l'été suivant (juin, juillet). Cette fructification démarre vers l'âge de 15 ans et se poursuit jusqu'à un âge très avancé. L'ouverture des cônes, qui reste comme pour beaucoup d'espèces conditionnées par la chaleur, n'a lieu qu'à la fin de l'été.

6.2.4 Régénération

La régénération du thuya est assurée par semis et par rejets de souche.

6.2.4.1 Semis

Bien que la fructification de l'arbre soit suffisamment abondante, la régénération par semis est irrégulière en raison de la pauvreté des sols et du pâturage.

6.2.4.2 Rejets de souche

En réalité la régénération du thuya est assurée surtout par les rejets de souche qui donnent des taillis très dense.

6.2.5 Sylviculture de thuya

6.2.5.1 Types de peuplements

On peut en distinguer généralement trois types de peuplements :

a) Vieilles futaies

Ces peuplements qui forment l'exception sont très clairs, renfermant un certain nombre de vieux arbres isolés (30 à 40 vieux arbres), de 40 à 60 cm de diamètre et de 200 à 300 ans d'âge surmontant un sous-bois d'essences secondaires. Ces peuplements constituent des îlots plus au moins étendus épargnés par le feu et peu accessibles à l'homme et aux troupeaux. Les boisements de cette catégorie sont rares en Algérie (quelques-uns dans la région de Tlemcen) ; ils sont plus communs au Maroc.

b) Taillis de thuya

C'est la forme la plus commune en Afrique du Nord, la plupart proviennent d'incendies antérieurs et des exploitations massives entreprises dans le passé. Au Maroc et en Algérie, ce mode est lié à la fréquence des incendies et du gemmage. Ce type de peuplement est caractérisé par son extrême densité qui atteint souvent plusieurs milliers de tiges à l'hectare. La plupart de ces taillis sont jeunes, leur végétation est généralement vigoureuse et ils sont susceptibles de donner naissance à de très beaux peuplements.

c) Peuplements mélangés

Le thuya a plutôt tendance à former des peuplements purs. Néanmoins, il se mélange à la plupart des autres essences forestières locales, mais en proportions limitées. Il s'associe au chêne liège aux expositions chaudes, c'est-à-dire quand le chêne liège n'est plus dans son aire naturelle ; alors le thuya parvient à avoir le dessus. Il peut aussi s'associer au pin d'Alep qui arrive à le supplanter nettement s'il n'y a pas d'incendie, mais est refoulé par lui dans le cas contraire.

6.2.5.2 Opérations sylvicoles

Le traitement du thuya, est des plus simples en raison de sa faculté de rejeter de souches jusqu'à un âge avancé. Le seul régime possible est celui du taillis qui assure la perpétuité des peuplements de thuya.

Le régime de la futaie est irréalisable en raison de la lenteur de sa régénération et de sa croissance. Il y a certes des semis, mais leur développement est très lent (les arbres n'atteignant 75 cm de tour que vers 85 ans) et c'est avant tout aux rejets qu'il faut faire appel pour régénérer ces forêts.

a) Traitement en taillis simple

Le mode de traitement normal du thuya est le taillis simple. On doit cependant s'efforcer d'avoir le plus grand nombre possible de sujets de franc pied, non pas pour obtenir de la futaie, mais pour arriver avec le temps au renouvellement des vieilles souches.

Les opérations culturales consistent en coupe de régénération et d'éclaircie. Les coupes de régénération seront effectuées à blanc et pratiquées à 60 ans, c'est à cet âge que le thuya est susceptible de fournir du bois de service (bois de mine,…). On recépera en même temps le sous-bois et on dégagera les semis naturels.

L'une des principales causes du faible accroissement du thuya est l'extrême densité (1500 à 2000 individus à l'hectare) des jeunes peuplements ; il est donc indispensable de les dresser et de les aérer. Les éclaircies constituent donc une opération culturale indispensable dans le traitement du thuya. Pour ne pas trop découvrir le sol, en général très sec, on ne pratique qu'une seule éclaircie à 25 ans, elle tiendra lieu de dépressage (500 à 600 sujets/ha), la seconde se confondant avec la coupe à blanc effectuée au terme de la révolution à 60 ans ou dans les cas les plus favorables à 50 ans.

b) Traitement en taillis sous futaie

Le régime de taillis simple avec coupe à blanc, présente l'inconvénient de faire disparaitre toute possibilité d'avoir du bois d'œuvre de dimensions suffisantes. Si l'on veut disposer du bois d'œuvre du thuya, il convient d'envisager un mode de traitement permettant de laisser sur pied des arbres au-delà de 60 ans et jusqu'à 150 ans, âge auquel ils peuvent atteindre 40 à 50 cm de diamètre. Il convient, à cette fin, de recourir au régime du taillis sous futaie.

Le nombre de tiges à réserver à cet effet à chaque révolution de taillis à 60 ans, dépendra de l'état du peuplement et de la croissance. Il serait sans intérêt d'essayer d'élever des réserves dans des boisements trop pauvres et de végétation médiocre. Il faut réserver le taillis sous futaie aux meilleurs peuplements à végétation vigoureuse, aux meilleurs sols, de façon à obtenir du bois d'œuvre vers 150 ans. Le nombre de pieds réservés est de 30 à 40 par hectare, selon la situation écologique du peuplement.

En définitive, étant donné l'utilisation économique du thuya, le traitement du taillis sous futaie doit être pratiqué toutes les fois qu'il sera possible et le taillis simple sera réservé aux peuplements médiocres ou mal venants.

c) Autres types de peuplements

Le thuya a des capacités à former des peuplements purs, mais il peut se trouver mélangé avec d'autres espèces tel que le pin d'Alep, le chêne vert, le chêne liège et l'olivier ; il est par conséquent difficile d'envisager un traitement régulier, il s'agit de favoriser le développement de cette essence au détriment des essences secondaires.

6.3 Le chêne vert (*Quercus ilex L*)

6.3.1 Aire de répartition

Le chêne vert est ou Yeuse une espèce à large répartition géographique. Cette essence s'étend depuis la Chine et l'Himalaya jusqu'en Grande Bretagne, puis aux confins Sahariens.

Mais, c'est surtout une espèce méditerranéenne, il joue un rôle indiscutablement plus important dans la partie occidentale du bassin méditerranéen que dans sa partie orientale.

Au Maroc, le chêne vert est la première essence forestière par sa surface de 1 415 201 ha. En Tunisie, il occupe seulement 83 000 ha.

En Algérie, sa superficie est estimée actuellement à 354 000 ha. On le trouve partout, aussi bien sur l'Atlas saharien que l'atlas Tellien où il forme de belles forêts sur les Monts de Tlemcen. Les plus importantes chênaies sont localisées en Oranie, en peuplements purs ou mélangés avec le pin d'Alep dans la région de Tiaret et de Saïda.

A l'Est le chêne vert est présent sur les Monts de Medjerda, sur les Monts de Tébessa et dans les Aurès (massif du Chélia, Monts de Belezma, massifs de Babor et Tababor).

Au Sud c'est dans l'Atlas saharien, notamment la région de Djelfa et du Djebel Senalba que l'on rencontre le chêne vert.

6.3.2 Ecologie du chêne vert

Le chêne vert est une espèce très plastique qui s'accommode, dans un contexte méditerranéen. Bien que xérophile, il se développe dans les étages climatiques subhumides et humides et peut supporter des températures minimales comprise entre-3°C et + 7°C, et maximales pouvant atteindre 42°C. Quant aux précipitations, il admet une tranche pluviométrique annuelle oscillant entre 300 à 1400 mm, mais il peut se contenter d'un minimum de 250 mm.

Sur l plan édaphique, c'est également l'essence la plus plastique. Le chêne vert est indifférent à la composition chimique du sol et s'accommode de tous, qu'ils soient siliceux ou calcaire.

6.3.3 Caractères botaniques

Le chêne vert est un arbre à feuillage persistantes. La floraison du chêne vert est monoïque, les glands se forment dans l'année. Ils sont amers dans le Nord, doux et comestibles dans les régions Sud. Les arbres les portant sont appelés généralement chênes ballotes.

La fructification de l'espèce est annuelle, elle débute vers l'âge de 12 ans, mais elle n'est suffisante et soutenue qu'à partir de 25 à 30 ans. Elle ne devient abondante qu'entre 50 et 100 ans.

Le chêne est un arbre de taille moyenne, il atteint 8 à 10 m en général mais dans certaines régions, il peut atteindre 20 à 22 m de hauteur et 2 à 3 m de tour. La cime est ovale, arrondie, mais prend la forme élancée, ou même en chandelle.

C'est est une espèce longévive, qui atteint facilement 300 ans. Son bois de couleur rougeâtre, est extrêmement dur, compacte et homogène. Les accroissements s'observent difficilement, il est donc délicat chez certains vieux arbres de distinguer les cernes et de déterminer l'âge.

6.3.4 Régénération

6.3.4.1 Semis

La régénération du chêne vert est assurée par semis naturels ou par rejets de souches et drageons. La fructification est évidemment plus abondante dans les futaies claires que dans les futaies denses et les taillis. Il y a des glandées normales tous les 2 ans, mais en montagne, dans de mauvaises conditions écologiques les glandées sont plus rares (tous les 3 ou 4 ans).

6.3.4.2 Rejets et drageons

Dans les forêts sèches, la régénération par semis fait pratiquement défaut, c'est le cas des taillis dégradés où la régénération par semis est inexistante.

En fait, la forêt de chêne vert se régénère à peu près exclusivement par rejets de souches et drageons de racines, on s'en convaincra aisément en constatant que les hauts peuplements sont tous des futaies sur souches.

6.3.5 Sylviculture du chêne vert

6.3.5.1 Peuplements de chêne vert

Le facies des chênaies d'Yeuse (Yeuseraies) diffère de celui des subéraies affectant plus ou moins la forme jardinée, alors que les que les peuplements de chêne vert en raison de leur origine par rejets de souche provenant d'exploitation ou d'incendie sont plus réguliers et plus homogènes.

Ces peuplements peuvent être classés généralement en deux types :

a) Taillis

Issu de rejet de souche, couvre la majeure partie de la surface en chêne vert ; résultat des coupes rases (à destination du bois de feu ou de bois pour le charbon) ou des incendies.

Les taillis sont destinés à donner naissance, soit à des nouvelles futaies sur souche, soit à des taillis simples ordinaires, soit à des taillis en conversion devant évoluer en futaie résineuse.

b) Futaie

La futaie est composée d'arbres présentant un tronc unique. Elle est issue de glands disséminés par les animaux.

Ces futaies présentent généralement un aspect régulier en peuplement fermé, elles peuvent dépasser vingt mètres de hauteur dominante, avec un sous-bois propre, particulièrement résistant à l'incendie.

c) Futaie sur souche

Les taillis destinés à servir de base à des futaies sur souche, seront de préférence issus d'exploitations régulières et présentant les meilleurs conditions biologiques et forestières possibles.

Après 70-80 ans, les brins de taillis s'individualisent et on aboutit à un tronc unique sur une souche. Le peuplement prend l'aspect d'une futaie. Il est d'ailleurs dénommé par extension « ***futaie sur souche*** ».

6.3.5.2 Opérations sylvicoles

a) Futaie

Ces futaies s'exploitent vers l'âge de 120 ans à blanc-étoc, rez-terre sans réserve avec mise en défens de 8 ans en moyenne.

Les jeunes sujets issus de ces exploitations feront l'objet d'éclaircies qui demeurent l'opération fondamentale pour le traitement de chêne vert.

Des opérations de dépressage sont indispensables pour ne laisser dans les cépées qu'un nombre limité des rejets variant selon la vigueur.

En principe il y aura deux coupes d'éclaircie, la première vers 18 à 25 ans, prélevant le tiers du matériel existant. La seconde opération s'exécutera 20 ans après, c'est-à-dire vers 40 à 45 ans, enlevant encore un tiers. On devra finalement arriver à une densité de 600 tiges par hectares.

Dans les peuplements déjà éclaircis, ayant plus de 50 ans, il y aura des coupes de nettoiement portant sur les sujets dépérissants.

b) Taillis ordinaire

Les peuplements devant rester en taillis simples seront soumis au traitement classique des taillis, mais avec révolution de 50 à 60 ans. Il y aura deux éclaircies, l'une à 20 ou 25 ans et l'autre 20 ans après.

Les éclaircies que l'on pourrait réaliser dans les taillis de chêne vert répondent globalement à trois objectifs distincts : amélioration du taillis, conversion en futaie sur souche ou récolte du bois. Le point commun entre ces éclaircies est la diminution de la compétition entre brins, mais aussi l'ouverture du couvert.

Les coupes de régénération sont suivies par une mise en défens de 8 ans.

Les coupes de nettoiement consistent à enlever tous le mort-bois périodiquement, tous les 5 ans. Elles n'ont pas d'intérêt sylvicole, mais permettent de récolter des menus produits.

Les coupes d'élagage ont pour objectif de débarrasser le taillis des brins surabondants, et de provoquer une augmentation de la croissance en hauteur des brins subsistants par suppression de leurs basses branches.

La coupe dite de broussaillage, intermédiaire entre les deux précédentes et beaucoup plus prudente, a théoriquement pour but, en favorisant la pénétration de l'air et du soleil dans le couvert, d'améliorer le rendement des écorces en tanins.

c) Taillis en conversion

L'évolution du taillis simple de chêne vert en taillis sous futaie avec le chêne vert comme réserve a donné des mauvais résultats. Le dépérissement rapide des réserves, qu'elles soient issues de rejets de souches ou de drageons, constitue un obstacle cultural. Dans ce cas, le pin d'Alep et le pin maritime sont aptes à jouer le rôle de réserves.

Le taillis de chêne vert s'enrésine naturellement par le pin d'Alep et le cèdre. En effet l'enrésinement du taillis de chêne vert est une opération à favoriser.

Lorsque dans un tel taillis il y aura environ un dixième de porte graines de résineux et de jeunes sujets, on devra lors des coupes dégager les jeunes semis résineux. On arrivera ainsi en 40 à 50 ans à donner au peuplement le type taillis sous futaie jardinée ayant une centaines d'arbres de 40 à 80 cm de circonférence tendant de plus en plus vers la futaie pleine.

Références bibliographiques

APECA (Agence de promotion économique du Canasa Atlantique). 2007. Le guide pratique des coupes progressives, Canada, 7 p.

Baar F., Snoeck B., Balleux P., Claessens H. 2004. La sylviculture d'arbres « objectif » ou d'arbres de place, Forêt Wallonne, n°6 : 1-7.

Barthod C., Pignard G., Guerin F., Bouillon P. 1999. Coupes fortes et coupes rases dans les forêts françaises, revue forestière française, vol. XXXIII, n°4, 469-486.

Bastien Y. 2001. Futaie régulière. Ed. ENGREF, Centre de Nancy sylviculture (France), 27 p.

Bastien Y. 2002.Taillis et taillis sous futaie. Ed. ENGREF, Centre de Nancy (France), 13 p.

Bastien Y. 2005. Arbres-objectifs, ENGREF, Nancy, 23 p.

Bentouati A., Bariteau M. 2005. Une sylviculture pour le pin d'Alep des Aurès (Algérie), Forêt Méditerranéenne, XXVI, n° 4 : 315-321.

CRPF (Centre Régional de la Propriété Forestière des Pays de la Loire). 2012. Code des bonnes pratiques sylvicoles des pays de la Loire, 20 p.

Boudy P.1952. Guide du forestier en Afrique du Nord. Paris, La maison rustique, 505 p.

De Potter B., Perin J., Ponette Q., Claessens H. 2012. Détourage d'arbres-objectif : Enseignements des dispositifs installés en Wallonie après six années, Forêt Wallonne, n° 119 : 43-54.

Ducrey M. 1988. Sylviculture des taillis de chênes vert pratiques traditionnels et problématiques des recherches récentes, Revue forestière française, XL, n°4 : 302-313.

Hadjadj K., Letreuch-Belarouci A. 2015. Influence des facteurs du milieu sur la productivité du Thuya de Berbérie dans l'Ouest

Algerian (The Influence of the environmental factors on the productivity of Thuya in Western Algeria), Geo-Eco-Trop, vol. 39, n°2 : 317-328.

Hadjad K., Letreuch Belarouci A. 2017. Synthèse bibliographique sur le thuya de Berbérie (*Tetraclinis articulata* (Vahl) Mast), Geo-Eco-Trop, vol.41, n°1 : 13-27.

Hadjadj K. 2017. Etude de la productivité du thuya de berbérie (*Tetraclinis articulata* (VAHL) Masters) dans l'ouest Algérien dans la perspective de développement durable. Thèse de Doctorat, Université de Tlemcen, 185 p.

Hadjadj K., Letreuch-Belarouci A. 2018. Etablissement des classes de fertilité du Thuya de Berberie (*Tetraclinis articulata* VAHL MASTERS) dans l'Ouest Algérien. PhytoChem & BioSub Journal, vol. 12, n°2 : 134-146.

Lafond R. 2013. Sylviculture durable 2ème édition, CCDMD, France, 244 p.

Letreuch-Belarouci N. 1992. Notes de cours en sylviculture générale. Ed. O.P.U., 137 p.

Letreuch-Belarouci N.1995. Sylviculture Spéciale : éléments de réflexion de la mise en valeur des taillis de chêne vert. Ed. O.P.U., 69 p.

Massenet J.Y. 2010. Cours de dendrométrie (Chapitre 5 : Caractérisation et mesure des peuplements réguliers, Lycée forestier de Mesnieres, Bray, 25 p.

Meooour R. 1992. Régénération naturelle de *Cedrus atlantica* Man et de divers pins après incendie dans l'arboretum de Meurdja (Algérie), Forêt Méditerranéenne, t. XIII, n° 4 : 275 -287.

www.ingramcontent.com/pod-product-compliance
Lightning Source LLC
Chambersburg PA
CBHW020742051126
54315CB00078B/564
9782414617326